CONSEIL D'ÉTAT.

SECTIONS RÉUNIES
DES TRAVAUX PUBLICS,
DE L'AGRICULTURE
ET DU COMMERCE
ET
DE L'INTÉRIEUR.

N° 28,385.

QUESTION

DE

LA BOULANGERIE DE PARIS

ET DES DÉPARTEMENTS.

RAPPORT

FAIT AU CONSEIL D'ÉTAT

PAR M. LE CONSEILLER D'ÉTAT LE PLAY,

DANS LA SÉANCE DU 24 OCTOBRE 1862

PRÉSIDÉE PAR S. M. L'EMPEREUR.

SIRE,

Le commerce de la boulangerie s'exerce à Paris dans des conditions qui contrastent singulièrement avec l'ensemble de notre régime commercial et industriel, et spécialement avec le régime adopté pour ce même commerce dans les autres capitales.

J'en citerai ici les traits principaux.

Le nombre des boulangers est limité et, en conséquence, nul ne peut exercer la profession s'il n'a acquis un fonds de boulangerie. Ces fonds se vendent ordinairement à des prix plus élevés que ceux des autres clientèles commerciales de même importance : la nécessité de cette acquisition préalable interdit la maîtrise aux ouvriers d'élite parmi lesquels, dans les autres capitales, se recrute presque exclusivement cette profession, et qui, à défaut de ressources financières, trouvent dans leur intelligence et leur bonne conduite des moyens suffisants de succès.

Les boulangers établis sont arrêtés dans le développement de leur activité par une multitude d'entraves dont la simple énumération suffirait presque pour justifier la condamnation du régime établi. Ces entraves pèsent particulièrement sur les plus habiles et les plus intelligents. C'est ainsi, par exemple, que ceux qui prospèrent en exploitant un premier établissement, ne peuvent créer une succursale devant une autre boutique dont le maître est inhabile à satisfaire le public; ils doivent respecter ce qu'on pourrait appeler le rayon de monopole de chaque confrère; ils ne peuvent d'ailleurs exploiter, dans le rayon qui leur est assigné à eux-mêmes, qu'un seul fournil et une seule boutique, et ces deux subdivisions de l'établissement doivent être nécessairement réunies.

Les boulangers forains, qui jouent un si grand rôle dans l'approvisionnement des autres capitales et qui, avant 1801, étaient les principaux fournisseurs de Paris, en sont maintenant rigoureusement exclus.

Les boulangers ne peuvent vendre leur produit à prix débattu : le prix est fixé par une taxe, selon des principes qui ont souvent varié depuis soixante ans; de là, pour l'autorité, d'inextricables embarras dont le récit complet remplirait un volume.

L'autorité conserve, en ce qui concerne l'approvisionnement de la boulangerie, les tendances qui l'ont inspirée si longtemps en matière de commerce extérieur des grains et farines; elle continue à mettre en doute l'aptitude ou la bonne volonté du commerce libre à assurer cet approvisionnement : elle astreint en conséquence les boulangers à avoir en permanence une réserve de trois mois. Elle s'impose la tâche difficile et toujours compromettante de fixer les époques d'achat ou de reprise de cette réserve.

Enfin, l'autorité s'applique depuis soixante ans à conjurer l'effet des variations extrêmes du prix des grains, c'est-à-dire à écarter l'un des fléaux qui pèsent le plus lourdement sur les classes pauvres et imprévoyantes. Ce problème difficile est résolu avec succès, c'est-à-dire en donnant une satisfaction complète à cette partie de la population, dans beaucoup de localités qui peuvent justement, sous ce rapport, être citées comme des modèles. Mais les procédés qu'elles emploient ont un caractère exclusivement privé et impliquent l'omission de toute intervention gouvernementale.

Malgré ces enseignements, et après un demi-siècle d'essais de toute nature toujours suivis de déceptions, l'autorité persiste à résoudre ce même problème par une intervention directe ; et en dernier lieu, elle a organisé dans ce but l'institution dite de la Caisse de la Boulangerie et de la Compensation.

Je prouverai plus loin que l'espoir de l'autorité n'a pas été rempli cette fois plus que les précédentes : je constate ici seulement que cette innovation a compliqué dans une proportion inouïe le régime réglementaire.

Pour faire fonctionner ce nouveau rouage, il a fallu :

Transformer les boulangers en agents financiers chargés de distribuer à la population entière des subventions en temps de disette et de faire sur elle des reprises en temps d'abondance.

Organiser par des combinaisons indirectes, que M. le Ministre des Finances jugerait certainement inadmissibles pour les services analogues qui lui sont confiés, les moyens de contrôle exigés pour des revirements énormes qui ont porté, pendant l'avant-dernière disette, sur une avance de 53 millions : obliger, par exemple, les boulangers à interrompre leurs rapports naturels avec les fariniers et à faire tous leurs payements par l'intermédiaire de la Caisse ;

Interdire en vertu d'une ordonnance de police dont la légalité est douteuse tout commerce de pain entre le département de la Seine et les autres départements : affronter par conséquent le mécontentement et parfois l'exaspération des citoyens qui se plaignent amèrement de ne pouvoir acheter leur pain dans les boutiques qu'il leur plaît de choisir.

Le contraste entre la simplicité du régime de droit commun des autres capitales, et la complication de ces systèmes de Limitation, de Taxe, de Réserves obligatoires et de Compensation, n'est pas la seule singularité du régime parisien. Le contraste qui se présente dans la situation des personnes n'est pas moins digne de remarque.

Ainsi, par exemple, dans les autres États européens, les plus hautes autorités n'ont jamais à intervenir dans le commerce du pain, qui, selon l'opinion de tous, est un intérêt essentiellement privé et domestique ; elles peuvent donc concentrer toute leur sollicitude sur les vraies questions de gouvernement. En France, au contraire, comme la présente séance le prouve pour la centième fois, l'attention du pouvoir souverain est incessamment absorbée par ce détail fort secondaire, et cela presque toujours aux époques où il conviendrait que cette attention se portât exclusivement sur des points plus essentiels.

Ailleurs, la population voit revenir périodiquement la disette avec quiétude ou tout au moins avec résignation, sans avoir jamais la pensée d'y voir un grief contre l'autorité. Ici, au contraire, l'approche de la disette excite dans le public une émotion ayant toujours contre l'autorité un certain caractère agressif. Et cette disposition a un certain fondement, puisque l'autorité, par son intervention retentissante, entretient dans le public des espérances de bon marché qui ne se réalisent jamais.

Enfin, ce qui est plus singulier encore, le public est partout satisfait du régime de droit commun, même lorsqu'il n'a qu'une origine récente ; et tel est, par exemple, l'enseignement que nous offre, depuis la réforme de 1855, la ville de Bruxelles, où les préjugés avaient été cultivés pendant cinquante-quatre ans par le régime réglementaire comme ils le sont encore chez nous. Ici, au contraire, le régime réglementaire ne satisfait personne, même les plus chauds partisans du principe. Ceux-ci, depuis soixante ans, n'ont jamais pu se résigner au *statu quo*, et ils réclament incessamment la modification du régime. Tel est, par exemple, le cas des deux corps qui combattent aujourd'hui le retour au droit commun proposé par les Sections réunies.

Ainsi, le Conseil Municipal de Paris critiquait vivement, en 1856, le régime actuel de petites boulangeries, dans le but de limiter plus étroitement le nombre des boulangers par la création de grandes meuneries-boulangeries. Éclairé par les délibérations des Sections réunies, il paraît renoncer aujourd'hui à ce projet. Cependant, il n'en persiste pas moins dans sa propension à modifier le régime réglementaire.

Pour apprécier la vérité de cette assertion, il suffit de jeter les yeux sur la longue liste publiée ce matin, des modifications réclamées par le Conseil Municipal. Ces modifications sont presque toutes des aggravations du régime, et cette fois encore on y voit figurer une augmentation du prix du pain à décréter par l'autorité.

Le Syndicat de la boulangerie, de son côté, déclare que la situation actuelle est devenue intolérable pour la corporation. Il accuse le Gouvernement de ruiner systématiquement neuf cents familles qui sont, pour ainsi dire, les agents officiels du bien-être de la population. Il voit également le remède dans une aggravation du régime réglementaire, et il réclame notamment :

1° La limitation du nombre des fours, ajoutée à celles du nombre des maîtres, des fournils et des boutiques;

2° L'interdiction des marchés dits *à cuisson*;

3° Enfin et surtout une augmentation de la prime de cuisson, équivalente à une surtaxe de 4 millions, à prélever sur l'ensemble de la population, et particulièrement sur la partie la plus pauvre qui consomme surtout le pain taxé.

Les hommes d'État et les économistes de l'Europe entière critiquent vivement ce régime parisien qui reproduit, en les exagérant beaucoup, les dispositions les plus restrictives du régime communal du moyen âge. Ils s'étonnent que la ville de Paris, qui a pris si souvent depuis soixante-dix ans l'initiative des réformes politiques et sociales, persiste seule à maintenir une organisation qu'ils considèrent unanimement comme surannée et contraire à l'intérêt public.

A cet étonnement, à ces critiques, les hommes habiles et dévoués au bien public, qui, en se succédant aux affaires, ont maintenu ou aggravé ce régime, ont toujours opposé deux raisons principales et qui se peuvent résumer dans les termes suivants :

1° Le régime réglementaire de la boulangerie est une tradition dix fois séculaire, puisqu'elle est antérieure au règne de saint Louis; il a toujours assuré l'approvisionnement de la capitale, même au milieu des crises les plus graves, de celles surtout qui se sont multipliées pendant les soixante-dix dernières années. Une seule fois, pendant la grande disette de 1793, l'approvisionnement de Paris a été compromis; mais c'est précisément l'époque où l'autorité, égarée par les innovations imprudentes de 1789, avait abrogé l'organisation tutélaire de l'ancien régime. Aussi, le Premier Consul, éclairé par ces dures épreuves, s'est-il empressé de reprendre sur ce point, comme sur tant d'autres, la tradition nationale. Son institution est encore debout, et c'est la meilleure preuve de la fécondité de sa réforme;

2° Le régime réglementaire assure au consommateur parisien le pain à un prix très-inférieur à celui qui est payé par les consommateurs des autres capitales.

Tant que ces deux raisons n'ont point été contestées, aucun homme d'État ayant l'instinct du Gouvernement n'a pu se résoudre à abroger le régime établi : il eût été, en effet, peu judicieux de renoncer à des avantages qui semblaient être assurés par le régime réglementaire, uniquement pour établir, dans les institutions, l'uniformité et la symétrie, et pour faire rentrer la boulangerie dans le cadre du droit commun adopté pour les autres commerces.

Si donc les Sections réunies viennent aujourd'hui proposer l'abrogation complète et immédiate de ce régime, c'est qu'elles ont constaté, à la suite de travaux persévérants, que ces raisons n'ont aucun fondement et ne reposent que sur une appréciation inexacte des faits.

En produisant sur cette épineuse question des vérités nouvelles, nous sommes loin de penser que nous ayons plus de perspicacité que nos devanciers : nous n'avons eu sur eux qu'un avantage, celui d'être mieux servis par les circonstances.

D'abord, grâce aux habitudes de gouvernement régulier, qui se fondent en France de plus en plus, nous avons été consultés : et, à ce sujet, il convient de rappeler que le régime réglementaire a été fondé en 1801, à huis clos, contre l'avis des autorités compétentes, et sans aucune intervention du Conseil d'État. Il en a été de même en 1807, lorsque la limitation formelle, remplaçant le régime des permissions du Consulat, a été fondée par une simple délibération du syndicat de la boulangerie approuvée par le préfet de police. Plus tard à la vérité, notamment en 1823, lorsqu'on a voulu fonder la taxe permanente, le Conseil d'État a été consulté, mais cette nouvelle mesure fut alors adoptée contrairement aux deux avis qu'il avait émis.

Depuis six ans que nous sommes saisis des innombrables questions de la boulangerie, nous avons pu les étudier mûrement, sans être obligés de céder aux entraînements qu'ont habituellement provoqués, en cette matière, des nécessités urgentes et des crises imprévues.

Nous avons pu nous éclairer par voie d'enquête publique, c'est-à-dire par le procédé qu'on peut appeler le fondement de la constitution britannique, et qui donne tant de solidité aux institutions de l'Angleterre. Une commission, présidée par M. Boinvilliers, a été chargée de cette enquête : elle a entendu quatre-vingt-onze personnes : leurs dépositions soigneusement revues par la commission, puis par les auteurs, ont été publiées : cette enquête a été communiquée à tout le public compétent, et a provoqué de sa part de nouvelles observations.

Les faits qui ne semblaient pas suffisamment éclaircis par l'enquête ont été vérifiés par des observations directes. Ainsi, grâce à l'appui qui leur a été donné par M. le Ministre Président du Conseil d'État et par M. le Ministre du Commerce, les Sections réunies ont pu étudier directement la question si controversée des prix relatifs du pain, à Paris, à Bruxelles et à Londres.

Enfin les Sections réunies ont pu s'éclairer par la voie féconde du débat contradictoire. M. le Ministre Président du Conseil d'État a pensé que, dans une matière aussi importante, on pouvait déroger jusqu'à un certain point aux usages établis, et que la principale règle à suivre était de ne négliger aucun moyen de connaître la vérité. Informé que le Conseil Municipal se montrait opposé aux conclusions du dernier rapport présenté par le Conseiller d'État rapporteur, il a permis que ce rapport fût communiqué au Conseil Municipal et il a suspendu pendant six mois les délibérations des Sections, jusqu'à ce que ce Conseil eût produit ses observations et ses critiques. L'opinion de ce dernier a, d'ailleurs, été soutenue dans notre dernière délibération, par M. le Sénateur Préfet de la Seine, par notre collègue, ancien secrétaire général de la préfecture de la Seine, et, enfin, par M. le Sénateur Président du Conseil Municipal.

Le plan de mon rapport se trouve tracé par l'exposé que je viens de faire :

Je prouverai en premier lieu que les deux raisons, historique et économique, que l'on a toujours mises en avant pour justifier notre régime réglementaire, sont réfutées par les documents positifs et par les faits qui se produisent sous nos yeux.

J'analyserai, en second lieu, ce régime dans ses éléments principaux; j'établirai que, loin de remplir l'attente de ses fondateurs, il n'a pour le public que des inconvénients.

Ayant déjà présenté, sur cette matière, deux rapports imprimés, appuyés de nombreuses pièces justificatives, je crois pouvoir me borner sur ces divers points à un précis sommaire et m'abstenir de tout développement. Je me tiens prêt, d'ailleurs, à fournir tous les compléments d'information que la discussion semblerait réclamer.

I. — QUESTION HISTORIQUE ET ÉCONOMIQUE.

Abordant la question historique, je constate, en premier lieu, que, dans l'ancien régime, il y avait pour la boulangerie deux organisations essentiellement distinctes : celle du *pain de luxe* ou *petit pain;* celle du *gros pain* ou *pain de ménage.*

Le pain de luxe était fabriqué à Paris avant 1789, dans le régime de corporation fermée, adopté depuis le moyen âge, pour les principaux commerces, dans la plupart des communes urbaines de l'Europe occidentale. Ce régime impliquait la limitation du nombre des maîtres, des ouvriers et des apprentis, la limitation des boutiques et leur annexion forcée au fournil et au foyer domestique. On n'y trouvait, du reste, aucune des autres restrictions du régime actuel; le principe de la taxe lui-même, qui avait souvent été appliqué au moyen âge, tombait de plus en plus en désuétude depuis le XVIᵉ siècle. Cependant, l'administration de la police exerçait sur le prix de ce pain, aux époques de hausse, un contrôle qui lui était naturellement déféré, en cas d'abus dus au monopole, par le pouvoir qu'elle avait de proposer au souverain l'institution de nouvelles maîtrises ou de fermer les yeux sur les fabrications illicites des boulangers de pain de ménage.

Je crois superflu de rechercher ici les influences complexes, fort curieuses, qui avaient conduit les communes à fonder ces corporations et le pouvoir souverain à les tolérer : je constate seulement que ces influences étaient étrangères à toute préoccupation d'approvisionnement régulier et de bon marché. L'autorité savait très-bien que ce régime produisait un renchérissement sur les objets fabriqués, car elle devait sans cesse autoriser les bourgeois, ou s'employer elle-même à punir, par la prison ou par l'expulsion de la cité, les ouvriers qui venaient clandestinement offrir les objets ou le travail au rabais. Cette cherté relative, produite à Paris avant 1789 par le régime de corporation fermée, peut être constatée de nos jours dans les corporations analogues (dites *Innungen* et *Zünfte*) qui subsistent encore pour plusieurs commerces, sinon pour la boulangerie, dans beaucoup de villes de l'Autriche et de l'Allemagne méridionale.

Le pain de ménage, au contraire, était fabriqué à Paris dans un régime de liberté absolue, que l'autorité avait constamment maintenu malgré les obsessions incessantes de la corporation du pain de luxe. L'excellent ouvrage de Delamarre, où se trouvent recueillies les anciennes traditions administratives en matière de boulangerie, rappelle expressément que l'autorité s'était toujours préoccupée de faire livrer au moindre prix possible les nombreuses variétés de pain de ménage consommées alors par la population pauvre et par la bourgeoisie, et que, pour atteindre ce but, elle n'avait jamais trouvé qu'un seul moyen, celui d'appeler à Paris le plus grand nombre possible de boulangers.

Au commencement du xviiie siècle, le pain de ménage était vendu à Paris :

D'abord par les boulangers de pain de luxe, établis dans la ville proprement dite, au nombre de...................................... 250

Par les boulangers de pain de ménage des faubourgs et des lieux privilégiés, au nombre de.................... 660

Par les boulangers forains de Gonesse, Saint-Denis, Sceaux, Saint-Germain, Villejuif, Corbeil, Meaux, Étampes, Pontoise, etc., au nombre de........................... 900
———
1,810

Si l'on tient compte de la population des deux époques, on trouve que le nombre des boulangers était alors, relativement, huit fois plus grand qu'il ne l'est aujourd'hui. Des recherches faites aux archives de l'Empire ont prouvé qu'en 1789 le nombre des boulangers libres vendant à Paris le pain de ménage avait encore augmenté.

Il suffit de citer ces faits pour établir que le régime actuel, qui soumet la vente du pain usuel aux systèmes de la corporation fermée, de la taxe et de toutes les aggravations inventées seulement de notre temps, ne sont point, comme on l'affirme à tort, une tradition parisienne; elles sont le contre-pied de cette tradition.

Il est également inexact d'affirmer que la famine de 1793 a été la conséquence des innovations imprudentes faites en matière de boulangerie par les hommes de 1789. Ceux-ci se sont bornés à faire rentrer la fabrication du pain de luxe dans le régime de liberté et de droit commun, proclamé, pour tous les commerces, par le décret du 17 mars 1791, décret qui malheureusement fut, en matière commerciale, l'une des dernières manifestations de leur libérale influence. Ils n'ont pu évidemment rien compromettre en ce qui concerne le pain de ménage, la seule sorte dont le bon marché ait jamais préoccupé l'administration, et qui depuis un temps immémorial était fabriqué et vendu dans un régime de liberté complète.

Il est, au contraire, manifeste que les tristes scènes de 1792 à 1794, le pillage des boutiques de boulangers, les longues files de citoyens stationnant nuit et jour à la porte de ces boutiques pour obtenir la subsistance de leurs familles, furent la conséquence de l'abominable régime du maximum, créé par les hommes de 1791 et de 1793, et qui ne fut qu'une réglementation poussée jusqu'à la démence et à la fureur. J'ai produit dans mon second rapport imprimé (pages 132 à 149) les documents les plus étendus à l'appui de cette assertion : je ne crois pas devoir y rien ajouter ici. Je me borne à signaler, parmi ces documents, un rapport présenté à la Convention par Boissy d'Anglas, rapport que j'ai eu l'heureuse chance de retrouver aux Archives de l'Empire : ce document, qui fut affiché dans tout Paris, montre que le régime réglementaire de la Terreur tomba alors sous le mépris public, pour être remplacé, à la satisfaction générale, par le régime de liberté et de droit commun des hommes de 1789. Ce régime a duré pendant sept ans, jusqu'en octobre 1801, et je déclare ici que, malgré les plus impartiales recherches, nous n'avons jamais pu découvrir l'indice d'un seul grief exprimé contre ce régime de droit commun, soit pendant cette dernière période, soit avant le régime du maximum.

Il n'est donc pas vrai, comme on l'a affirmé si souvent, que le Premier Consul, lorsqu'il créa, en 1801, le régime des permissions et des réserves, ait repris, comme il le fit si heureusement en d'autres matières, les traditions tutélaires de l'ancien régime : il prit, au contraire, le contre-pied de ce régime. Il ne fit que rentrer, avec la modération qui caractérisait son Gouvernement, dans les faux principes du régime réglementaire créé en 1791, et condamné quatre ans après. Au reste, pour réfuter les motifs qu'on a tirés de l'autorité qui s'attache si justement aux œuvres personnelles du Premier Consul, il suffit de lire l'intéressante notice qu'un de nos collègues a bien voulu, à ma prière, annexer à mon deuxième rapport (pages 154 à 164), touchant l'innovation de 1801. On y aperçoit clairement :

Qu'elle n'est point l'œuvre personnelle du Premier Consul ;

Qu'elle n'a été tentée qu'à titre d'essai, contrairement à l'avis du Ministre de l'Intérieur, sur l'initiative et sous la responsabilité du Préfet de police, qui avait affirmé que le retour au régime réglementaire empêcherait dorénavant l'élévation du prix du pain au-dessus de 45 centimes ;

Que la réalisation de cette promesse, qui consolida momentanément l'essai de 1801, fut la conséquence, non du système nouveau, mais de l'abondance de la récolte de cette année, abondance qui déjoua heureusement les craintes de disette qu'on avait d'abord conçues.

L'expérience postérieure a d'ailleurs démontré l'impuissance du système de 1801 : les prix du pain ont, depuis lors, souvent dépassé 45 centimes ; et le système de compensation fondé sur l'entente amiable avec la corporation a été formellement détruit par la taxe permanente avec écart constant, adoptée depuis 1823. Il est manifeste que si le procédé de compensation, simple et économique, imaginé en 1801, avait eu quelque efficacité, l'autorité aurait été de nos jours bien mal avisée en créant le système compliqué et onéreux que nous voyons fonctionner depuis 1853. Bien que démenti par la tradition et l'expérience, le monopole organisé en 1801 et aggravé en 1807 s'est cependant maintenu jusqu'à ce jour sous l'influence des intérêts qu'il a créés.

Ces considérations me paraissent suffisamment établir que les motifs historiques présentés à l'appui du régime réglementaire parisien sont dénués de tout fondement; qu'ils ne sont pas simplement erronés, qu'ils sont le contraire de la vérité.

J'arrive maintenant à la question économique.

C'est surtout sur ce point que les Sections réunies se flattent d'avoir porté la lumière.

Pour créer et maintenir le régime réglementaire, on a toujours dit qu'il amenait le bon marché. Au début des études faites par les Sections réunies, cette prétendue vérité était admise comme démontrée chez toutes les administrations qui ont à intervenir dans la question des subsistances : on citait notamment des observations qui auraient constaté que, pour un prix donné du blé, le pain est moins cher à Paris qu'à New-York, à Londres et à Bruxelles, et que les différences, au détriment du consommateur de ces trois dernières villes, étaient respectivement de 15, de 13 et de 7 centimes par kilogramme.

La même assertion a été fréquemment reproduite dans l'enquête de 1859. La Commission a surtout remarqué la déposition faite en ce sens, avec beaucoup d'habileté, par un savant économiste, M. Burat, qui s'est particulièrement dévoué à défendre la protection douanière en matière de commerce et d'industrie.En se fondant sur des observations qu'il avait faites à Londres en 1851, et sur des études de mercuriales qu'il venait de faire à l'occasion de l'enquête, M. Burat établissait (page 177) que les prix de Londres excèdent ceux de Paris d'au moins 16 centimes par kilogramme.

D'un autre côté, la Commission a entendu des déclarations inverses parmi lesquelles elle a distingué celle de M. Pommier, gérant de *l'Écho agricole*, l'un des hommes dont la compétence en ces matières était le mieux reconnue. M. Pommier ne se bornait pas à rectifier les faits, il expliquait l'erreur des autres déposants, en faisant remarquer qu'à Londres comme à Paris il existe beaucoup de sortes de pain qui se vendent avec des différences de prix atteignant 40 centimes par kilogramme; que l'erreur tant de fois reproduite consistait à comparer les sortes supérieures des pains de Londres avec les sortes inférieures ou moyennes des pains de Paris. Il ajoutait (page 277) qu'en comparant la totalité des sortes consommées dans les deux villes pour établir la moyenne des prix, on constatait une différence au détriment du consommateur parisien.

Le contraste de ces affirmations, émanant d'hommes compétents, a déterminé la Commission d'enquête à soumettre à M. le Ministre Président du Conseil d'État le vœu qu'une étude directe et comparative fût faite sur les deux villes de Paris et de Londres. M. le Président, après s'être concerté avec M. le Ministre du Commerce, a décidé qu'une mission spéciale aurait pour objet de trancher la question, et qu'elle comprendrait l'étude de la ville de Bruxelles.

Chargé, en 1859, de remplir cette mission, j'ai reconnu l'inexactitude des affirmations qui signalaient la prétendue supériorité économique du régime parisien; j'ai même trouvé que l'infériorité de ce régime était plus marquée que ne l'avait indiqué M. Pommier dans la déposition qui avait fait entrevoir la lumière aux Sections réunies. J'ai constaté notamment qu'en rapprochant le poids total et le prix total de toutes les sortes journellement consommées dans les trois villes, pour en déduire le prix moyen de chacune d'elles, on constatait toujours un avantage acquis au consommateur étranger. Cet avantage, toujours notable, croît avec la cherté des grains.

Ainsi, en temps d'abondance, lorsqu'à Paris les pains de taxe se vendent 26 et 33 centimes le kilogramme, la différence est de 3 centimes.

En temps de cherté, lorsque les prix sont à Paris de 42 et de 50 centimes, la différence, plus marquée à Londres qu'à Bruxelles, s'élève à 6 centimes.

En observant ces faits, je me suis surtout appliqué à me soustraire aux hypothèses qui ont toujours égaré l'opinion, et qui faisaient porter la comparaison sur des sortes de pain arbitrairement choisies, dans l'intérêt d'une thèse préconçue. Ici la comparaison porte sur toutes les sortes et est absolument indépendante des préoccupations de l'observateur : elle a donné, pour ces trois villes, trois prix (2ᵉ rapport, page 22) que l'on peut appeler *caractéristiques*, car ils se reproduisent invariablement pour un prix donné du blé, tant qu'il ne survient pas de modification dans le travail du boulanger ou dans les habitudes du consommateur. Le Conseil Municipal, quand il voudra bien renoncer à la méthode des rapprochements arbitraires, et observer directement l'ensemble des faits dans les trois capitales, constatera la même vérité.

Il se trouve donc démontré, par ces observations, que le régime de droit commun produit naturellement, sans intervention de l'autorité, les avantages que nous croyions jusqu'ici trouver dans la réglementation; il donne même quelque chose de mieux que notre compensation, puisqu'il abaisse relativement les prix en temps de disette, sans détruire en temps d'abondance les avantages du bon marché.

Il est vrai que le Conseil Municipal et le Syndicat de la boulangerie ont d'abord contesté l'exactitude de ces observations et surtout l'efficacité de la méthode que j'ai employée.

J'ai répondu à ces critiques en mettant sous les yeux des Sections un document dans lequel M. le Bourgmestre de Bruxelles reconnaît la complète exactitude des documents que j'ai recueillis, pour cette ville, par une méthode identique à celle que j'ai suivie pour la ville de Londres. Il m'a paru qu'à la fin de la discussion on cessait de contester l'exactitude de la méthode, et même celle du fait de bon marché envisagé en lui-même et en bloc; et, d'un autre côté, que les dernières objections tendaient surtout à établir que le fait était exagéré, et qu'on n'en pouvait rien conclure d'absolu contre le régime parisien.

Parmi ces objections je relèverai surtout la suivante, qui a été tardivement produite et à laquelle je n'ai point eu l'occasion de répondre.

La prime de cuisson accordée aux boulangers de Paris pour l'éla-

boration de 1 kilogramme de farine est seulement de 7 centimes.
Cette allocation correspond à 5°,38 par kilogramme de pain. Or, il
est notoire que cette somme est absorbée presque en totalité par
les frais de fabrication, et que les bénéfices des boulangers peu
habiles ne se comptent que par millimes. Il y a donc une exagération
évidente à affirmer que le consommateur de Londres peut jouir, en
certaines circonstances, d'un abaissement de prix de 6 centimes.

Je réponds d'abord à cette objection par quelques rapprochements.

En premier lieu, je constate que les comparaisons de prix qu'on
fait depuis soixante ans, et notamment la supériorité de 16 centimes
attribuée dans l'Enquête au régime parisien, tendaient positivement
à établir que les avantages signalés étaient la conséquence directe et
exclusive de la réglementation : il y a donc lieu de se féliciter que
les derniers défenseurs de ce régime viennent eux-mêmes condamner,
par leur objection, un genre d'apologie qui a tant égaré l'opinion
publique.

Je rappelle, en second lieu, que M. le Préfet de la Seine et le
Conseil Municipal, lorsqu'ils réclamaient, en 1856, de l'autorité la
substitution de grandes meuneries-boulangeries aux petits ateliers,
fondaient cette réforme sur la présomption que les nouveaux ateliers
comparés aux anciens donneraient par kilogramme une économie de
9 centimes.

D'un autre côté, dans la déposition qu'il a faite (pages 95 et 96)
dans l'enquête ouverte devant les Sections réunies, M. le Président
du Conseil Municipal a déclaré que la meunerie-boulangerie dite
Scipion produisait le kilogramme de pain avec une économie de 7 à
8 centimes; il ajoutait que selon toute vraisemblance de nouveaux
progrès porteraient cette économie à 10 centimes.

Ces deux dernières allégations font tomber l'objection : elles
prouvent que les autorités qui nous l'opposent avaient très-bien
compris qu'il était possible d'améliorer les conditions économiques
de la boulangerie parisienne par des causes distinctes de la réduction
des frais de cuisson.

Sans doute, le régime parisien exagère un peu les frais de fabrication, et il est manifeste que la nécessité d'acquérir des fonds à des prix qui ont souvent dépassé 50,000 francs est une cause de cherté qui n'existe pas ailleurs dans le régime de droit commun. On peut aussi remarquer que, pour un prix donné du blé, le régime réglementaire réagit sur la meunerie et tend sous certains rapports à augmenter le prix des farines et par suite le prix du pain, indépendamment de la prime fixe de cuisson de ces farines. Des meuniers intelligents ont donné sur ce point (page 315) des détails fort instructifs à la Commission d'enquête.

Mais les causes de bon marché que peut fournir comparativement, sur ces divers points, le régime de droit commun n'ont qu'une importance secondaire. Les vraies causes de dégrèvement se trouvent ailleurs.

Le Conseil Municipal, en proposant les meuneries-boulangeries, espérait produire le bon marché par trois moyens principaux :

1° Par la suppression des habitudes d'accaparement qu'il attribuait aux grands meuniers.

J'espère que les mémorables discussions qui ont précédé et accompagné la réforme douanière des céréales ont définitivement écarté ce genre de doctrine, et je n'insiste pas.

2° Par le perfectionnement des méthodes de panification et la substitution du travail mécanique des usines au travail manuel des petits ateliers.

L'objection même à laquelle je réponds démontre que le Conseil Municipal est revenu de ses illusions : et je me confirme dans cette pensée en constatant qu'il a renoncé à ses projets de grands établissements mécaniques. J'ai d'ailleurs indiqué dans mes rapports imprimés que les établissements de ce genre, souvent élevés à grands frais, n'ont pu en aucun temps, en aucun lieu, sous aucun régime, soutenir la concurrence des petits ateliers. Cette prétendue cause de bon marché se trouverait donc écartée, si M. le Préfet de la Seine ne persévérait pas dans ses idées de 1856, c'est-à-dire à établir, par la voie réglementaire, une organisation condamnée par la pratique de l'Europe entière.

3° Enfin par le rétablissement dans la vie parisienne des anciennes habitudes de consommation du pain de ménage.

C'est le seul moyen de progrès qui ait pu résister à l'examen contradictoire que nous faisons depuis six ans; c'est le seul détail de la question que les Sections réunies envisagent comme le Conseil Municipal. C'est la cause de bon marché qui se révèle nettement dans les chiffres des pages 18 à 22 et dans les observations de la page 24 de mon second rapport. Je ne puis donc m'expliquer que nos adversaires voient une exagération dans la réalisation d'un progrès qu'ils se flattaient eux-mêmes d'obtenir avec un avantage plus marqué.

D'un autre côté, il s'agit bien ici d'un bon marché réel acquis aux consommateurs de Londres et de Bruxelles, et nullement de l'économie apparente, presque toujours onéreuse, qui s'attache à la consommation des objets de qualité inférieure. Les longs développements écrits ou verbaux que j'ai présentés sur ce point essentiel, les intéressants travaux et l'instructive déposition (Enquête, p. 97-98) de M. le Président du Conseil Municipal sont, à vrai dire, le fondement de la question de la boulangerie. Je ne crois pas cependant devoir les reproduire ici, parce qu'ils paraissent être maintenant admis par toutes les autorités, à l'exception du Syndicat de la boulangerie qui a ses motifs pour exciter la population à la consommation du pain de luxe. Je résumerai seulement les faits et les principes qui semblent devoir être propagés dorénavant, à Paris, en matière de boulangerie, et qui sont d'ailleurs conformes à la pratique spontanée des autres capitales.

La supériorité économique des boulangeries de Londres et de Bruxelles tient principalement à ce qu'elles produisent 38 et 25 p. o/o de pain de ménage, lorsque la boulangerie parisienne en produit à peine 2 p. o/o.

Le pain de ménage obtenu, comme à Londres et à Bruxelles, par un blutage opéré presque d'un seul jet, sur tous les éléments du grain, produisant de 75 à 90 p. o/o de farine, et rejetant seulement pour la nourriture des animaux 25 à 10 p. o/o, est un aliment plus hygiénique, plus nutritif, plus complet enfin que le pain usuel de Paris, dans la fabrication duquel on fait souvent entrer des farines blanchies par des moutures réitérées, affaiblies par ce traitement, contenant seulement 68 p. o/o des éléments du grain, et où les vraies convenances de la panification sont sacrifiées à la convenance de communiquer aux produits une blancheur artificielle.

Les familles qui ne peuvent trouver dans un choix varié d'aliments l'équivalent des éléments nutritifs qu'on écarte dans la fabrication des pains de luxe, ont donc un double intérêt à consommer des pains de ménage provenant de farines blutées d'un seul jet au taux le plus élevé : ils se procurent, pour un prix donné, un plus grand poids de pain, et pour un poids donné de pain, une nutrition plus complète. L'intérêt bien entendu des familles les conduit naturellement dans cette voie; mais, d'un autre côté, cet intérêt est combattu par une tendance inverse : les pauvres s'appliquent trop souvent à suivre de loin les habitudes des riches; de même qu'en matière de vêtement, ils recherchent parfois des étoffes plus brillantes que solides, on les voit aussi sacrifier, dans le choix de leur pain, la qualité réelle à la blancheur.

Sous ce rapport, il y a un grand intérêt à conserver l'organisation commerciale qui intéresse le boulanger à fabriquer le pain de ménage bluté au taux le plus élevé et par conséquent le moins cher, puis à le faire accepter au consommateur, nonobstant la teinte bise qui le caractérise toujours plus ou moins.

Dans toute l'Europe, ce problème est admirablement résolu par le régime du droit commun. Dans ce régime, en effet, les fabrications de luxe et de ménage sont toujours exercées par deux classes distinctes de boulangers, et chacune de celles-ci est intéressée à donner à son produit le plus grand degré de perfection. Chaque classe poursuit ce but avec persévérance et perspicacité, par des moyens appropriés aux mœurs, aux qualités comme aux défauts de la population.

A Bruxelles, et dans la plupart des capitales allemandes où les boulangers achètent le blé, le font moudre à façon d'un seul jet, et le blutent eux-mêmes, le pain de ménage a une nuance bise, franchement accusée, comme celle de beaucoup de nos pains de province : il a toutes les qualités nutritives désirables et il se vend au prix le plus modéré.

A Londres comme à Paris, où la mouture s'est constituée d'une manière indépendante, avec vente de farine par le meunier, le problème du pain de ménage de couleur blanche peut être mieux résolu, grâce à la perfection des procédés de blutage. Le boulanger, de son côté, s'applique à résoudre le même problème à l'aide des procédés de panification.

Mais à côté de cette tendance légitime peut se glisser l'abus; et tel est le reproche qu'on adresse maintenant, à Londres, à certains boulangers de pain de ménage qui relèvent la couleur blanche de leur produit en y introduisant quelques millièmes d'alun. Ce sel se boursoufle, comme chacun sait, à la température de la cuisson du pain en perdant son eau de cristallisation, et il blanchit la masse en la rendant plus poreuse. On poursuit depuis un an, à Londres, une enquête sévère dont j'ai suivi les détails avec intérêt. Des hommes d'État, des médecins et des chimistes ont fait le tableau le plus sombre de l'influence funeste que cette pratique, d'origine assez récente, exercerait sur la santé publique. Le Parlement sera bientôt appelé à se prononcer.

On a fait de cet état de choses, devant les Sections réunies, un grief contre le régime de droit commun et un argument en faveur du régime parisien. La connexion qu'on établit entre cette pratique et les deux régimes qu'on discute me semble dénuée de tout fondement. D'abord, l'emploi de l'alun est, à ma connaissance, inconnu en Allemagne et dans les autres contrées où règne universellement le droit commun. D'un autre côté, des falsifications mieux avérées se font journellement en France et ailleurs dans une multitude de commerces, sans que l'on songe à les combattre par la limitation ou par tout autre élément du régime réglementaire. On étonnerait beaucoup les hommes d'État anglais qui excitent en ce moment l'opinion contre cette pratique suspecte, si on leur conseillait d'y remédier en revenant au régime de limitation qu'ils ont abrogé depuis longtemps à la satisfaction générale. Si le Parlement ne partage pas leur opinion, l'emploi de l'alun restera une pratique judicieuse et intelligente; si, au contraire, il l'adopte, il établira des peines sévères qui mettront fin à cette fraude, et il ne sera plus question de cet épisode de la boulangerie anglaise.

A Paris, assurément, on n'a rien fait pour développer par des procédés suspects la consommation du pain de ménage; mais on y a donné contre l'écueil opposé. Chaque boulanger ayant, comme je l'ai dit, un rayon de monopole acquis, à l'abri de toute concurrence, y peut exploiter à coup sûr, même lorsqu'il est dépourvu de l'aptitude nécessaire, la fabrication du pain de luxe, ce qui est partout le but de l'ambition du boulanger. Mais comme, dans l'espace exigu occupé par la plupart des fournils, on ne peut fabriquer qu'une sorte de pâte, la corporation a été conduite à détruire, par de persévérantes manœuvres, la demande du pain de ménage qui, jusqu'en 1801, était l'aliment essentiel de la population. Aujourd'hui, comme je l'ai constaté, les boulangers ont complétement atteint leur but. Ils commencent même, en s'aidant toujours de leur monopole, à aller plus loin dans cette voie : il est notoire que beaucoup de boulangers s'appliquent à mal fabriquer le gros pain de taxe de première qualité, provenant des farines de luxe blutées à 68 p. o/o, et qu'ils obligent ainsi le consommateur à prendre, de guerre lasse, le petit pain fabriqué avec cette même farine et vendu au taux qu'il leur plaît de fixer. J'ai constaté que beaucoup d'ouvriers vivant de leur salaire journalier sont ainsi amenés, depuis quelques années, à vivre exclusivement de petit pain. C'est une cause très-regrettable de surtaxe pour la population nécessiteuse. C'est un des témoignages les plus manifestes de l'influence malfaisante dérivant du monopole de la boulangerie.

En résumé, malgré l'objection qu'on a faite, le bon marché des produits de Londres et de Bruxelles est une réalité facile à constater en tous temps et qui, aux époques de disette notamment, ne saurait rester douteuse après deux heures de séjour au milieu des boulangeries de ces deux villes.

Ce bon marché est dû, en premier lieu, à un travail plus économique opéré sous l'aiguillon de la plus active concurrence; en second lieu et surtout, aux influences salutaires et aux intérêts qui y maintiennent, sur une grande échelle, la consommation des pains de ménage.

Le régime de droit commun réalise donc spontanément, dans les autres capitales, les avantages que le Conseil Municipal se flattait, en 1856, à tort comme l'expérience l'a démontré, d'obtenir par de nouvelles modifications du régime réglementaire.

Tel est le précis sommaire des considérations qui ont amené les Sections réunies à comprendre que le régime parisien n'est pas mieux justifié par la raison économique que par la raison historique.

II. — APPRÉCIATION DES PRINCIPAUX ÉLÉMENTS DE LA BOULANGERIE.

La Limitation n'a point donné les avantages en vue desquels on l'avait fondée en 1801 et en 1807 : en enrichissant les boulangers, en fondant, selon la formule que signale souvent le Syndicat, *une corporation forte*, l'autorité avait toujours entendu que les bénéfices extraordinaires alloués aux boulangers en temps d'abondance seraient balancés en temps de disette par des sacrifices. L'autorité se réservait de faire ces allocations et ces reprises à l'aide d'une taxe à éléments variables qui, dans chaque cas, devait être arrêtée de gré à gré avec les boulangers. Cet espoir a toujours été déçu : chaque fois que l'autorité a pris une mesure favorable à la corporation, elle a immédiatement provoqué une hausse sur la valeur marchande des fonds. Les détenteurs se sont alors empressés de réaliser cette plus-value par des ventes faites à des gens inexpérimentés; de là ces scandaleuses mutations qui ont ému tant de fois l'autorité et renouvelé souvent en deux ou trois ans le personnel de la boulangerie. Puis lorsque venait l'époque où des sacrifices devaient être réclamés par l'autorité, celle-ci n'avait plus devant elle les maîtres auxquels la faveur avait été accordée; elle se trouvait en présence de pauvres gens dont le capital avait été épuisé par une acquisition onéreuse, étrangers pour la plupart au métier, placés dans la dépendance d'ouvriers insubordonnés, et ne pouvant, par conséquent, rendre au consommateur les avantages que les vendeurs de fonds avaient eu soin de s'attribuer définitivement par leur retraite. Après une première période de mécomptes, l'autorité a compris qu'elle devait renoncer à tout espoir de compensation opérée aux dépens des boulangers. D'ailleurs, en constatant les énormes sacrifices qu'impose une réduction appréciable du prix du pain, l'autorité a compris elle-même qu'elle n'obtiendrait, dans cette voie, que la ruine des boulangers. Cependant, loin de revenir au droit commun, elle s'est aussitôt rejetée sans plus de succès sur les autres combinaisons appréciées ci-après.

La Limitation n'a donc que des inconvénients que je résume ainsi :

Elle grève la fabrication en haussant d'une manière factice la valeur des fonds;

Elle désorganise le service des familles pour le détail qui se lie de la manière la plus intime à la vie domestique et qui exige avec le fournisseur des relations de chaque instant. En effet, on ne réduit pas le nombre de boulangers entre lesquels une famille peut choisir, sans lui imposer une grande gêne. Cette réduction a, jusqu'à un certain point, les mêmes inconvénients que produirait celle du nombre des domestiques spéciaux de chaque famille. Elle impose au public une double charge : une augmentation sur le prix du pain, une augmentation sur les frais du service qui met la famille en rapport avec le boulanger;

La Limitation empêche l'établissement des ouvriers d'élite parmi lesquels, dans les autres capitales, se recrute presque exclusivement la profession : elle attribue en fait les maîtrises à des gens dénués de toute aptitude professionnelle et qui, après avoir épuisé leur capital dans une acquisition imprudente, restent privés de tout moyen de succès ;

Elle rejette cependant sur l'autorité la responsabilité de l'insuccès de ces existences déclassées. Toutes les incapacités dont la concurrence ferait immédiatement justice dans toute autre profession affluent dans celle-ci. Elles vivent misérablement du monopole : souvent même elles échouent encore en présence d'une clientèle condamnée à les subir ; et, comme je l'ai entendu cent fois, elles accusent alors le Gouvernement d'injustice et de cruauté ;

La Limitation entretient une jalousie honteuse contre la minorité intelligente. La masse de la corporation conserve, sous ce rapport, la plus déplorable propension du moyen âge. Depuis la mort de l'homme éminent qui se plaisait à conseiller la corporation, celle-ci manifeste ce sentiment dans ses doléances avec une singulière naïveté ; c'est ainsi qu'elle présente les motifs suivants à l'appui de l'une des trois propositions qu'elle fait aujourd'hui, celle qui a pour objet de limiter le nombre des fours :

« Les moyens de restreindre les grandes boulangeries sont faciles « à trouver. Il suffira de faire suivre la délivrance d'un numéro « de boulangerie de l'obligation qui accompagne la délivrance des « numéros de voitures ; on donnera à chaque titulaire le droit d'ou- « vrir et d'exploiter seulement une quantité de fours déterminée. « Sans doute il y aura toujours des boulangers plus ou moins habiles, « plus ou moins intelligents ; il se produira toujours des inégalités, « mais dans ces limites, elles seront moins préjudiciables....... » (Pétition des boulangers, autographiée en 1860.)

Je rappelle enfin que le principal dommage causé à la population pauvre par le monopole résultant de la Limitation est la suppression du pain de ménage qui est dans les autres capitales et qui était à Paris, en 1801, la base de la consommation. Un document décou-

vert récemment aux Archives de l'Empire prouve, en effet, que le
11 octobre 1801, le jour même où l'on accomplissait la réforme qui
devait bientôt amener la suppression du pain de ménage, la population consommait trois catégories de gros pain qui se vendaient, en
ce temps de disette, aux prix suivants :

Pain blanc, de . . . . 37 à 32ᶜ
—— bis-blanc, de. . . . . 25 à 24
—— bis, de. . . . . 23 à 20

Au milieu des inquiétudes que lui causaient en 1856 les avances
de la Caisse de la Boulangerie, l'autorité municipale, qui s'épuisait
en efforts infructueux pour introduire dans la consommation un
pain de ménage qu'on aurait vendu 4 centimes au-dessous du pain
de taxe, eût été bien heureuse de retrouver le régime détruit si mal à
propos en 1801. Assurément, la réforme ne changera pas tout à
coup, sous ce rapport, les habitudes imposées par la réglementation;
mais elle rétablira, à l'aide du temps, celles que le droit commun a
fermement maintenues dans les autres capitales.

Pour la Taxe comme pour la Limitation, les prévisions de l'autorité
ont été complétement déçues : tant que la taxe a été arbitraire et
variable on a vainement tenté d'en tirer la pratique de la Compensation; depuis qu'elle est permanente, avec écart constant, elle n'a
d'autre effet, comme je l'ai démontré dans ce qui précède, que de
consacrer la cherté. Le régime de la Taxe a encore un autre inconvénient, c'est d'obliger l'autorité à entendre les réclamations incessantes
des boulangers, et de lui imposer la tâche épineuse de fixer un prix
de revient. L'autorité ne peut remplir ce devoir qu'en tranchant
arbitrairement des questions insolubles et en grevant certainement le
consommateur. En effet, dans les commerces de droit commun,
le prix de vente correspond au moindre prix de revient, car il est
fixé par les plus habiles et les plus intelligents. Dans les régimes de
taxe, l'autorité est obligée, sous peine de donner prise au reproche

de cruauté ou d'injustice, d'adopter le prix de revient des inintelligents et des inhabiles.

La question des Réserves réglementaires de la boulangerie me paraît avoir été tranchée par la réforme du régime douanier des grains et farines.

On a enfin adopté en France, en cette matière, la pratique recommandée par les succès des autres peuples. Ceux qui échappent le mieux à la difficulté qui naît des variations extrêmes du prix des grains sont évidemment ceux qui jouissent des plus hauts prix en temps d'abondance et des moindres prix en temps de disette; ceux par conséquent qui sont toujours prêts à acheter dans le premier cas et à vendre dans le second. Or les peuples qui, comme les Anglais, les Hollandais et les Allemands ont le mieux résolu ce problème, sont aussi ceux qui depuis longtemps ont renoncé aux réserves administratives et confié le soin de leur approvisionnement aux opérations du libre commerce.

Bien que la réforme soit toute récente chez nous, nous avons déjà pu constater la bienfaisante influence du libre commerce, et les personnes qui ont suivi de près les différentes phases de la dernière crise savent que pendant toute sa durée les réserves réglementaires n'ont été qu'un embarras.

En fait, je n'ai jamais appris que, depuis un siècle, une seule capitale en Europe ait vu son approvisionnement compromis; et si quelquefois une difficulté s'est manifestée à ce sujet, c'est seulement chez les peuples dont les gouvernements prétendaient intervenir.

La conservation des Réserves réglementaires ne serait plus désormais qu'un anachronisme.

J'ai démontré dans mon second rapport (page 280) que les Réserves réglementaires de trois mois imposent aujourd'hui aux boulangers de Paris une charge moyenne annuelle de 1,600 francs, et qu'elles absorbent par atelier un capital d'environ 20,000 francs. Dans le cas où l'Empereur rétablirait le droit commun pour les boulangers, ceux-ci trouveraient, dans la rentrée de ce capital et dans la suppression de ces frais annuels, une première compensation au mécompte que leur donnerait la diminution de valeur de leurs fonds. Le public qui paye, en fin de compte, tous ces frais serait lui-même dégrevé d'autant; et il ne serait plus soumis à l'obligation de consommer des farines avariées par un magasinage trop prolongé.

Les boulangers, d'un autre côté, se plaignent amèrement (Enquête, pages 116, 136, 144, 147) de l'oppression qu'exercent sur eux les agents du régime réglementaire : les plus intelligents comprennent que l'avantage d'échapper à cette oppression et de jouir de la liberté accordée aux autres commerçants serait une seconde compensation à ce mécompte.

Le but qu'on voulait atteindre par la Compensation était, sous plusieurs rapports, aussi désirable que ceux qu'on se proposait en établissant les autres éléments du système. Mais ici encore les prévisions ont été déçues par l'événement. Pour le démontrer, je n'ai qu'à comparer ce qu'on voulait faire[1] avec ce qui a été fait réellement.

En rapprochant les prix du pain pendant une période de soixante ans, on a calculé que le prix moyen était de 35 centimes par kilogramme. On en a conclu que l'on pourrait assurer à la population le bienfait de ce prix constant en faisant, en temps de cherté, des avances qui seraient ultérieurement balancées par les reprises faites en temps d'abondance. Cependant, par prudence, et avant de donner au système toute sa perfection, on s'est résolu à ne garantir provisoirement qu'un maximum de 40 centimes, ce qui assurait tout d'abord à la Caisse un boni annuel de 15 millions, qui semblait suffisant aux fondateurs pour couvrir largement toutes les éventualités.

---

[1] Voir le mémoire sur la Compensation des prix extrêmes du pain. Brochure in-4°, Paris 1853; chez Vinchon, imprimeur de la Préfecture de la Seine. — Il est manifeste, à la lecture des pages 11 et 13, que les créateurs du système se sont fondés sur des principes que l'expérience a postérieurement réfutés, qu'ils se seraient, par conséquent, abstenus, s'ils avaient pu prévoir les faits qui se sont produits.

L'événement a prouvé que cette prudence était encore de la témérité : il a été impossible de maintenir le maximum de 40 centimes : ce maximum d'abord porté à 45 centimes a été définitivement fixé à 50 centimes. Et encore faut-il constater que pendant l'avant-dernière disette les prix du blé auraient rarement porté le prix du pain à 60 centimes. Il est donc manifeste que si, comme il est arrivé dans la période de soixante ans prise pour base de calculs, les prix avaient atteint 70, 75, 80 et même 88 centimes, il aurait bien fallu élever encore ce prétendu maximum.

Au lieu d'établir la compensation ferme, qui était le but du système, on s'est donc borné, sous la pression d'impérieuses nécessités, à suivre de quelques centimes en arrière les cours du commerce et à diminuer moyennement ces cours de 6 centimes pendant les quatre premières années de disette. Et, cependant, ce médiocre résultat n'a pu être obtenu qu'au prix d'une avance et de frais qui, à une certaine époque, dépassaient 60 millions.

D'un autre côté, on avait déclaré que, vu l'élévation successive du maximum, on ne ferait jamais en temps d'abondance des reprises supérieures à 3 centimes. Cette partie du programme n'a pas été tenue plus que l'autre, et l'on a souvent porté les reprises à 4, 5 et 6 centimes.

Et cependant malgré ces déviations du système, après une pratique de neuf années, les premières avances de la Caisse ne sont point encore complétement recouvrées.

En résumé, on a mis en mouvement une grosse machine, affronté une multitude de difficultés, mécontenté le public et dépensé beaucoup de talent pour arriver à un résultat insignifiant.

Ces mécomptes sont dus à plusieurs causes.

Les frais de gestion du système sont considérables, bien que le contrôle y soit insuffisant. Pour asseoir le mouvement financier sur des bases rationnelles, il faudrait augmenter le personnel et, par suite, les frais dans une proportion considérable.

En l'absence de ce contrôle, les boulangers, chargés de subventionner le public ou de l'imposer, abusent de leur situation et commettent des fraudes fort onéreuses pour la Caisse.

Les consommateurs, de leur côté, tirent avantage des situations opposées qui leur sont successivement faites; en temps de cherté, les gens appelés journellement à Paris pour leurs affaires, les nourrisseurs, les maraîchers, les fleuristes, les blanchisseurs ne manquent pas d'y acheter le pain qui est alors livré à prix réduit : en temps d'abondance, ces mêmes gens et les consommateurs épars dans la banlieue s'approvisionnent autant qu'ils le peuvent dans les communes de Seine-et-Oise. Cette contrebande n'affecte point essentiellement la Caisse, puisque ce genre d'impôt se distingue par la particularité unique d'être illimité, et c'est ce qui explique la quiétude des gérants; mais elle a pour effet de prolonger les périodes de compensation et de charger les consommateurs de bonne foi.

L'expérience a prouvé que de simples différences de 3 centimes donnaient à ces fraudes et à cette contrebande une excitation suffisante : j'en ai cité (2ᵉ Rapport, pages 189-190) de curieux exemples, extraits de rapports dont la gravité m'avait été signalée par M. le Préfet de police. On s'explique ainsi comment les systèmes du prix constant de 35 centimes et du maximum de 40 centimes se sont trouvés, à l'application, impraticables.

Les résultats financiers de la Compensation rapprochés des chiffres de la population, pour les années comprises de 1853 à 1862, jettent sur les conséquences désastreuses de la fraude et de la contrebande une évidence à laquelle le discours ne saurait rien ajouter.

Les fabrications domestiques qui ont lieu dans les communautés, celles qui commencent à se multiplier à Bruxelles, à Londres, dans les petits ménages, par l'emploi de très-petits fours à la houille, apporteraient seules un obstacle absolu à la propagation du régime de compensation, dans le système des écarts considérables qu'on avait d'abord en vue, et qui seuls, en effet, pourraient le justifier.

Mais le vice le plus prononcé de la compensation, telle qu'elle a été pratiquée, est d'employer comme agents financiers les boulangers de la corporation; de s'étayer, par conséquent, sur une organisation onéreuse, qui impose à la population, comme je l'ai établi ci-dessus, une surtaxe de 3 centimes en temps d'abondance, de 6 centimes en temps de cherté, équivalant moyennement à un impôt de 9 à 18 millions. Cet inconvénient radical eût été du moins évité, si, comme dans le régime analogue, momentanément pratiqué en Hollande, et que j'ai décrit dans ses détails (2e rapport, page 258), on avait employé l'octroi comme agent financier.

M. le Ministre Président du Conseil d'État a présenté, sur l'inutilité actuelle de la Compensation, un aperçu qui a frappé les Sections réunies. Il a remarqué que l'ancien régime douanier des céréales avait pour résultat d'élever considérablement le prix des grains en temps de disette, et que le régime nouveau a remédié à cet inconvénient, et ôté, par là, toute opportunité au régime de la Compensation. La dernière disette, celle de 1861, offre la preuve de cette vérité. Tandis que les anciennes disettes, pour un déficit inférieur à 9 millions d'hectolitres, portaient le prix du pain à des taux compris entre 60 et 80 centimes, la disette de 1861, correspondant à un déficit de 15 millions d'hectolitres, n'a pas élevé le prix du pain au-dessus de 50 centimes, au point que la Caisse, conservant prudemment ce maximum, n'a eu cette fois à faire aucune avance.

La liberté du commerce des grains ajoute donc un précieux moyen de compensation à ceux qui, comme je l'ai démontré ci-dessus, se trouvent dans la liberté du commerce de la boulangerie.

On a beaucoup insisté, devant les Sections réunies, sur un argument qui présente la Caisse de la Boulangerie comme une dépendance obligée des institutions financières de la Ville de Paris. Cette caisse, dit-on, permet à la Ville de faire, en temps de disette, des allocations de secours aux pauvres, sans grever le budget général, et en laissant à celui-ci l'élasticité nécessaire pour faire face aux engagements considérables que la Ville a contractés.

A cette objection, qui tendrait à conserver indéfiniment l'institution sous sa forme actuelle, je réponds :

Pendant les soixante premières années de ce siècle, la Ville de Paris, l'État et le Souverain ont accordé à la population, comme secours en temps de disette, 60 millions, soit en moyenne 1 million par an (2ᵉ rapport, page 288). J'accepte les hypothèses les plus avantageuses à la thèse qu'on soutient : j'admets qu'il n'y ait aucune réforme à faire dans ce genre de dépense ; que la Ville soit exclusivement chargée, à l'avenir, de distribuer ces secours ; que l'atténuation des disettes ne balance pas l'accroissement de population à secourir, ou que les secours soient délivrés à l'avenir plus largement ; qu'en conséquence, ils s'élèvent dorénavant à une moyenne double, c'est-à-dire à 2 millions par année. J'admets enfin qu'on veuille prélever cette somme, non sur les revenus ordinaires de la Ville, mais bien sur les farines consommées par l'ensemble de la population. Tout ceci admis contrairement aux principes et aux probabilités, je n'en conclurais nullement qu'il faut conserver un mauvais mécanisme financier qui, indépendamment de ses inconvénients spéciaux, grève indirectement la consommation d'un impôt annuel de 9 à 18 millions. Je conseillerais, dans ces hypothèses, de lever simplement les 2 millions par la voie de l'octroi, ce qui n'entraînerait qu'une augmentation de 2/3 de centime par kilogramme de pain. Et si l'on objectait que les gouvernements antérieurs ont toujours repoussé ce genre de taxe je répondrais qu'en fait elle est levée depuis cinq ans par les boulangers, dans des conditions plus onéreuses pour la population, et qu'elle a été vivement sentie aux dernières époques de hausse.

La perception du fonds de secours deviendrait par là beaucoup moins onéreuse pour le contribuable. Et quant à la distribution de ce même fonds, on éviterait aisément, par l'intervention des personnes charitables prêtes à se dévouer à cette œuvre, les fautes commises pendant la disette de 1846-1847. Je rappelle, d'ailleurs, qu'en présence du maximum de 50 centimes, le régime actuel laisse subsister en partie les abus qu'on déclare, à tort, inhérents à la distribution des bons de pain et des cartes de différence.

Je termine ce rapport par quelques détails sommaires sur l'organisation de la boulangerie dans les autres capitales de l'Europe : c'est celle qui résulte de la nature même des hommes et des choses, et qui se rétablirait promptement à Paris dans un régime de droit commun.

Les boulangers de luxe forment partout une classe éclairée et influente pouvant prétendre à tous les honneurs de la cité. Les familles se transmettent traditionnellement ces établissements qui assurent à leurs possesseurs de larges bénéfices. Plusieurs de ces boulangers possèdent des capitaux considérables qu'ils emploient invariablement en temps d'abondance à faire des réserves de farines. Ils occupent une admirable classe d'ouvriers qui restent en général attachés, avec des salaires élevés, aux mêmes établissements, et qui maintiennent dans la fabrication toute la perfection exigée par les consommateurs. C'est surtout parmi ces ouvriers formés en Allemagne que se recrutent les rares ateliers du même genre qui ne sont à Paris qu'une exception. Ici, en effet, chaque boulanger aspire à fabriquer le pain de luxe ; il considère comme envahisseurs ceux qui réussissent à grouper une nombreuse clientèle riche ; c'est contre eux surtout qu'est dirigée en ce moment la demande de la limitation des fours.

Les boulangers de pain de ménage forment, à l'étranger, les neuf dixièmes du personnel de la profession : ils y constituent deux catégories principales.

Les boulangers en chambre s'établissent dans des conditions économiques contre lesquelles aucune usine n'a jamais pu lutter. Le capital qui leur est nécessaire n'excède point à la rigueur 100 francs. Les maîtres fournissent eux-mêmes tout le travail de fabrication et de transport chez le consommateur. Ils se contentent au besoin d'un bénéfice correspondant au salaire journalier des ouvriers les moins rétribués de la cité, et alors ils prélèvent moins de 2 centimes par kilogramme. Ils ont, comme bénéfice accessoire une recette fort importante assurée par la cuisson des mets pour les clients, à l'égard desquels ils remplissent, à vrai dire, la fonction de cuisinier collectif.

Ce qui distingue surtout ces maîtres-ouvriers, c'est l'économie des moyens d'existence : les services inappréciables qu'ils rendent, pour la cuisson des mets, à leurs clients des autres commerces, leur assurent, en retour, tous les éléments de la vie à bon marché.

Tous les ouvriers placés dans ces conditions, même ceux qui n'ont qu'une intelligence grossière, arrivent rapidement à une petite fortune, pourvu qu'ils aient une bonne conduite et l'esprit d'épargne. Peu à peu, ils se placent pour la plupart dans la seconde catégorie, celle des ouvriers en boutique.

Les *boulangers en boutique* se multiplient partout, pour satisfaire aux convenances du public, dans les petites habitations que les mœurs conservent fermement dans les autres capitales; ils offrent en général un niveau social plus élevé que les précédents; leurs frais annuels, notamment ceux de location, sont plus considérables, mais ceux-ci sont balancés par une plus grande clientèle et par les profits de divers commerces annexés dans la boutique à celui du pain. Ils travaillent en général, comme les boulangers en chambre, de leurs propres mains, et ils luttent avec eux pour le bon marché des produits. Ils s'élèvent peu à peu dans leur profession, d'une part, en faisant des profits sur des réserves de farines constituées avec leur épargne, de l'autre en s'adjoignant leurs enfants comme apprentis ou ouvriers, trait qui devient de plus en plus rare dans l'organisation parisienne.

Les Syndics de la boulangerie de Paris, chaque fois qu'ils se sont rendus à Londres, ont toujours témoigné leur mépris pour ces modestes chefs de maison. Ils considèrent comme une désorganisation le travail manuel du maître, les essais infructueux de certains ouvriers pour s'élever à la condition de chefs de maison, et l'instabilité qui en résulte aux derniers rangs de la profession. Cette appréciation est complétement inexacte : la boulangerie de Londres, par sa stabilité, son aptitude pratique, son énergie et ses ressources, est infiniment supérieure à celle de Paris; il en est de même, toute proportion gardée, de la boulangerie des autres capitales. Il n'est pas douteux qu'à l'aide du temps, la boulangerie de Paris reprendrait dans le régime du droit commun les qualités éminentes qui la distinguaient avant 1801, et qui n'appartiennent plus malheureusement qu'à un petit nombre de maîtres ayant conservé les habitudes laborieuses et modestes de la profession.

Les boulangers forains établis dans les banlieues ont à Londres et dans les autres capitales la même importance qu'ils avaient autrefois à Paris. Ils ont des moyens de fabrication plus économiques que les boulangers urbains. Les loyers et les moyens d'existence sont moins chers pour eux que pour les boulangers des capitales. Les frais généraux étant payés par la vente locale, ils peuvent à la rigueur vendre en ville à meilleur marché. Leurs moyens de transport sont souvent fournis gratuitement par les autres fournisseurs de la capitale, maraîchers, blanchisseurs, nourrisseurs, etc. qui, au retour, trouvent en échange leur repas préparé par le boulanger.

Aucune capitale n'est aussi favorablement située que Paris pour recevoir ce genre d'approvisionnement : les boulangers forains y reprendraient vite leur ancienne importance dans le régime du droit commun. Les circonstances qui entravent maintenant dans Paris l'essor des petites industries domestiques seraient même pour eux un nouvel élément de succès.

C'est surtout le commerce des boulangers forains, qui provoque, en temps de disette, cette baisse relative de prix que j'ai signalée comme un des traits distinctifs du commerce du pain dans la ville de Londres.

En effet, en temps d'abondance, le consommateur s'adresse de préférence au boulanger urbain, bien que ce dernier vende généralement plus cher que le forain. Il a pour avantage, en balance de cet excédant de prix, la proximité du produit et le service de la cuisson des mets. En temps de cherté, au contraire, le consommateur pressé par la nécessité met le boulanger urbain en demeure de perdre sa clientèle, ou de lui accorder à peu près le prix des forains : comme compensation à ce sacrifice, les boulangers urbains absorbent momentanément la clientèle des forains qui se trouvent alors en grande partie exclus du marché.

Tels sont les faits et les considérations qui ont inspiré l'Avis des Sections réunies ; je les résume en quelques mots :

Le régime parisien n'est point une tradition ; il est le contre-pied de la tradition ;

Il n'assure pas, comme on l'a dit, le bon marché des produits ; il les renchérit toujours et surtout en temps de disette ;

Tous les éléments de notre régime réglementaire ont successivement déçu l'attente des fondateurs ;

Les avantages qu'on avait en vue en créant ce régime exceptionnel sont obtenus ailleurs, sans efforts, dans le régime de liberté.

Le retour à la liberté et au droit commun est donc la seule solution pratique des difficultés qui se renouvellent sans cesse depuis soixante ans.

DOCUMENTS A CONSULTER.

1853. Mémoire sur la Compensation des prix extrêmes du pain à Paris. — *Brochure in-4°. Paris, chez Vinchon, imprimeur de la préfecture de la Seine.*

1856. Rapport présenté par M. le Préfet de la Seine à la Commission Départementale, sur la fabrication du pain, dans la session ordinaire de 1856.

1857. Rapport présenté à S. Exc. M. le Ministre de l'Agriculture, du Commerce et des Travaux Publics, par M. le Directeur de l'agriculture.

1858. Premier rapport de M. le Conseiller d'État Le Play, rapporteur.

1859. Enquête sur la boulangerie de la Seine, faite en 1859, devant une commission présidée par M. Boinvilliers, Président de la Section de l'Intérieur.

1860. Deuxième rapport de M. le Conseiller d'État Le Play, rapporteur.

1861. Avis sur l'enquête faite au Conseil d'État, présenté au Conseil municipal de Paris, par M. Dumas, Sénateur, Président du Conseil municipal.

1862. Annuaire de la boulangerie de Paris, publié pour chaque année, et comprenant les arrêtés et décrets, ordonnances, délibérations, circulaires et instructions, concernant le commerce de la boulangerie de Paris, — *Paris, bureau du syndicat, quai d'Anjou, n° 7.*

IMPRIMERIE IMPÉRIALE. — Octobre 1862.